Bibliografische Information der Deutschen Nationalbibliothek:

Die Deutsche Bibliothek verzeichnet diese Publikation in der Deutschen National-
bibliografie; detaillierte bibliografische Daten sind im Internet über http://dnb.d-
nb.de/ abrufbar.

Impressum:

Copyright © 2008 GRIN Verlag, Open Publishing GmbH
Druck und Bindung: Books on Demand GmbH, Norderstedt Germany
ISBN: 9783640473021

Dieses Buch bei GRIN:

http://www.grin.com/de/e-book/140260/das-silicon-valley-als-geburtsstaette-der-
mikroelektronik

Simon Hämmerle

Das Silicon Valley als Geburtsstätte der Mikroelektronik

Die Entstehung eines High-Tech Standortes

GRIN Verlag

GRIN - Your knowledge has value

Der GRIN Verlag publiziert seit 1998 wissenschaftliche Arbeiten von Studenten, Hochschullehrern und anderen Akademikern als eBook und gedrucktes Buch. Die Verlagswebsite www.grin.com ist die ideale Plattform zur Veröffentlichung von Hausarbeiten, Abschlussarbeiten, wissenschaftlichen Aufsätzen, Dissertationen und Fachbüchern.

Besuchen Sie uns im Internet:

http://www.grin.com/

http://www.facebook.com/grincom

http://www.twitter.com/grin_com

Ludwig Maximilians Universität München

Department für Geographie

Hauptseminar Anthropogeographie

Sommersemester 2009

Das Silicon Valley als Geburtsstätte der Mikroelektronik

Hauptseminar: Silicon Valley & Silicon Somethings: Entstehungs- und Wachstumsfaktoren von High Tech- Regionen im internationalen Vergleich

Simon Hämmerle

LA Gymnasium E/Geo, 6. FS

Inhaltsverzeichnis

1. Einleitung: Santa Clara County, Kalifornien, USA.................................03

2. Anfänge der Elektronik im Silicon Valley..03

   2.1 Die Elektronenröhre als Grundlage der Elektronik............................04

   2.2 Die Stanford- Universität..04

3. Frederick Terman – Initiator des Silicon Valley Booms............................05

4. Bell Labs, New Jersey: Die Erfindung des Transistors.............................06

   4.1 Basisinnovation Transistor..08

   4.2 Umzug der Elektronik nach Kalifornien...09

5. Schlüsselfigur William Shockley...09

   5.1 Die Gründung von Fairchild Semiconductor.......................................10

   5.2 Weitere „spin-offs"...11

6. Der integrierte Schaltkreis..11

   6.1 Jack Kilby, Texas Instruments...13

   6.2 Die Grundlage für den Mikrochip..14

7. Schlüsseltechnologie Mikroprozessor...15

8. Die Industriegeschichte der Mikroelektronik...17

9. Die Bedeutung der Mikroelektronik...18

10. Zusammenfassung: Die Geschichte der Mikroelektronik im Silicon Valley...18

Literaturverzeichnis...20

1. Einleitung: Santa Clara County, Kalifornien, USA

Noch bis in die 50er Jahre des letzten Jahrhunderts war die Region Santa Clara County nahe der San Francisco Bay agrarisch geprägt und die meisten Arbeiter waren in der Nahrungsmittelverarbeitung beschäftigt (Castells/Hall 1994, S.15). Sowohl einige Entdeckungen und Erfindungen, als auch das Zusammenspiel von Zufällen machten es möglich, die Region im Westen der USA im Eiltempo in einen der bedeutendsten Wirtschaftsstandorte der Welt zu verwandeln. Das heute als *Silicon Valley* bekannte Tal zwischen San Francisco und San Jose hat sich innerhalb kürzester Zeit zu der High Tech-Region schlechthin entwickelt und wurde hundertfach in der ganzen Welt kopiert. Nicht zuletzt gelang diese Entwicklung im Gleichschritt mit der Entstehung und Ausweitung der Elektronik und später der Mikroelektronik, welche sich in eindeutige Phasen unterteilen lässt – ein Ablauf beginnend mit der Basisinnovation des Transistors soll im Folgenden dargestellt und analysiert werden.

2. Anfänge der Elektronik im Silicon Valley

Die Ursprünge der Elektro- und Radiotechnik liegen keineswegs im Silicon Valley – umso erstaunlicher ist es, dass gerade diese Gegend später solch eine Bedeutung bekommen würde. Die oft als „Urväter" des Computers bezeichneten Alan Turing und John von Neumann erfanden Anfang des 20. Jahrhunderts erste Maschinen, die zwar noch mechanisch funktionierten, jedoch einige Rechnungen durchführen konnten – die mit tausenden Elektronenröhren ausgestatteten Computer konnten während des zweiten Weltkrieges den sogenannten Enigma-Code der deutschen Wehrmacht entschlüsseln. Nun ist natürlich die Frage berechtigt, was all dies mit dem Silicon Valley zu tun hat? Die in den ersten großen Computern – unter anderem dem weltbekannten ENIAC – verbauten Elektronenröhren wurden von einem Mann namens Lee de Forest erfunden, welcher seinen Doktortitel in Stanford erlangte – an der Stanford University im Santa Clara County. Er entdeckte eher zufällig die Verstärkungsfunktion der Dreielektrodenröhren (vgl. Abb.1, S.4), welche eingesetzt wurden, um elektrische Signale zu leiten (Martin/ McSummit, S. 51 ff.). Eben diese

Erfindung war die Grundlage jeglichen elektronischen Geräts und das Wort „Elektronik" tauchte erstmals in den Wörterbüchern auf. Zwar gab es lange Jahre einen Rechtsstreit zwischen Robert von Lieben und Lee de Forest, wer nun tatsächlich die Elektronenröhre erfunden hatte (Schmidt 2009), doch der Grundstein für weitere Erfindungen im Elektronikbereich im Silicon Valley war gelegt.

Abb. 1: Eine Triode aus den 1920er Jahren

Quelle: http://de.wikipedia.org/wiki/Datei:Telefunken_RE144_1937.jpg

2.1 Die Elektronenröhre als Grundlage der Mikroelektronik

Als die Dreielektrodenröhre entwickelt war, welche heute Triode genannt wird, machte sich im Jahre 1911 Lee de Forest daran, den ersten Röhrenverstärker und Oszillator zu bauen (Kaplan 2000, S.47). Mit dieser Entwicklung wurde das Elektronik- Zeitalter eingeläutet, beginnend mit der sogenannten Röhrenperiode, welche bis in die 1950er Jahre andauerte (Halfmann 1984, S.125). Nun war es erstmals möglich, an Radio und Fernsehgeräte zu denken, um nur zwei der

unzähligen Elektrogeräte zu nennen, die den Alltag der Menschen in der ganzen Welt verändern sollten. Eine vollkommen neue Industrie war in wenigen Jahrzehnten entstanden, so wurden bis 1940 stolze 6 Milliarden Dollar Umsatz von der Elektronikindustrie erwirtschaftet (Martin / McSummit 1989, S. 57).
Auch wenn die Röhren nicht sehr stabil und langlebig waren, stellten sie die Grundlage für weitere Innovationen auf dem Gebiet der Elektronik dar. Eben weil die Geräte so viele Nachteile hatten, war es nun an der Zeit, die Technik weiter zu entwickeln. Viele der Beteiligten Elektronikspezialisten studierten und promovierten an der Universität von Stanford, was den Standort Silicon Valley schnell zu einer Technologie- Hochburg machte.

2.2 Die Stanford Universität

Die 1891 gegründete kalifornische Universität gilt als einer der wichtigsten Wachstumsmotoren des Silicon Valley, da sie einige berühmte Persönlichkeiten hervorbrachte oder beherbergte. Beispielsweise einige der Schlüsselpersonen für die Mikroelektronik, wie Frederick Terman oder William Shockley, sowie die Freunde William Hewlett und David Packard, die mit ihrer Arbeit in einer Garage in Palo Alto eine Legende schufen. Mithilfe der großen Forschungstradition des Silicon Valley rund um die Stanford Universität und des ungeheuren Dranges zu neuen Erfindungen gelang es den Wissenschaftlern schnell Fuß zu fassen und die Entstehung des Silicon Valley mit zu prägen. Schon die ersten elektronischen Geräte die von Hewlett-Packard (HP) hergestellt wurden, waren den Konkurrenzprodukten in Qualität und Leistungsfähigkeit weit überlegen und zusätzlich deutlich billiger (Kaplan 2000, S.53ff).
Unterstützt und stetig gefördert wurden die beiden von dem an der Stanford Universität unterrichtenden Terman – nicht nur finanziell sondern auch was Kontakte zu potentiellen Käufern anging. HP wurde schnell zum Marktführer auf dem Gebiet vieler Elektronikprodukte und ist noch heute einer der erfolgreichsten Computer-, Drucker-, und Taschenrechnerhersteller. Dies ist sicherlich mitunter ein Verdienst des früheren Professors von Hewlett und Packard – Frederick Terman. Er ist definitiv eine der Schlüsselpersonen was die herausragende Entwicklung des Silicon Valley betrifft.

3. Frederick Terman: Initiator des Silicon Valley Booms

Er erwarb seinen Doktortitel in Elektrotechnik am weltweit hochangesehenen Massachusetts Institute of Technology (MIT) und kam nur zufällig zurück an den Ort, wo er aufgewachsen war, nämlich in das Santa Clara County: Er erkrankte an Tuberkulose und konnte nicht mehr zurück nach Cambridge, deshalb nahm er eine Stelle an der Universität in Stanford an und machte sich bald daran, die Region durch Firmengründungen und finanzierte Forschungsprojekte zu fördern. Die klimatischen Verhältnisse an der Westküste der USA sagten Terman besser zu, deshalb wurde er Professor für Radiotechnik in Stanford. Dies ist ein anderer Weg, den weichen Standortfaktor Klima für eine High Tech Region wie das Santa Clara County anzuführen. Terman gilt bis heute als der „Vater von Silicon Valley" (Kaplan 2000, S. 51), da unzählige seiner Studenten hochqualifizierte Kräfte im High Tech-Bereich wurden und die Region damit weiter gestärkt. 1951 wurde der Stanford Research Park ins Leben gerufen, sozusagen als Nachfolger des Stanford Research Institute – schnell siedelten sich High Tech- Firmen an, die die enge Zusammenarbeit zwischen Industrie und Forschung nutzen wollten. Die Technologieunternehmen konnten sich rund um die Region von Palo Alto zu sehr guten Konditionen niederlassen und formten so den Stanford Industrial Park, in welchem die ersten High Tech Unternehmen groß wurden.

Aushängeschild des Stanford Industrial Park war zwar Hewlett- Packard, doch für den aufstrebenden Zweig der Mikroelektronik war ein anderes Unternehmen maßgeblich, nämlich das von William Shockley, welcher sich zuvor noch in New Jersey befand. Auch später noch, als Terman Vizepräsident der Stanford Universität war, blieben die beiden eng verbunden, nicht nur wegen ihrer Herkunft, sondern auch wegen ihrer Leidenschaft für Elektronik. Genau genommen liegt die Geburtsstätte der Mikroelektronik allerdings nicht im Silicon Valley, sondern im Osten der USA, in New Jersey.

4. Bell Labs, New Jersey: Die Erfindung des Transistors

Nachdem Lee de Forest die Elektronenröhre erfunden, oder vielmehr entdeckt hatte, dauerte es nicht lange bis zur industriellen Herstellung von Verstärkerröhren. Er stellte 1912 seine Erfindung den Bell Telephone Laboratories in New Jersey vor. Dort wurde das Gerät mit offenen Armen empfangen und schnell weiterentwickelt – die Vakuumröhre war geboren (Alcatel-Lucent 2009). Doch die Röhren hatten auch einige Schwächen: Sie waren sehr zerbrechlich, brannten schnell durch, waren sehr groß und brauchten zudem sehr viel Energie. Die Technologie wurde zwar in hohem Maße eingesetzt, doch die Probleme waren groß. So wog der erste Röhrencomputer ENIAC von 1946 stolze 30 Tonnen und verbrauchte 150 Kilowatt pro Stunde (Martin/ McSummit 1989, S. 83), Werte die heute freilich undenkbar sind. Doch schon im Jahr darauf kam es zu einer der bedeutendsten Erfindungen in der Geschichte der Elektronik: John Bardeen, Walter Brattain und William Shockley erfanden den Transistor. In der Funktionsweise war dieser der Elektronenröhre zwar sehr ähnlich – weshalb es in den 1950er Jahren auch zu einem Wettlauf zwischen der Elektronenröhre und dem Transistor kam – doch seine Vorteile liegen auf der Hand: Er braucht um ein vielfaches weniger Energie, da die Transistoren keinen eigenen Heizdraht benötigen und somit nicht oder kaum gekühlt werden müssen. Ebenso ist er vielfach kleiner als das veraltete Gerät. Dementsprechend weniger Platz wurde bei der Gestaltung neuer Geräte benötigt (Lecuyer 2006, S. 152 ff.).

Ein Transistor besteht aus einer Basis, dem Emitter und dem Kollektor (vgl. Abb. 2, S. 7). Noch heute werden damit beispielsweise Musiksignale in Millionen Geräten auf der ganzen Welt verstärkt. Doch die drei Forscher der Bell Labs in New Jersey konnten das freilich nicht ahnen – zumal sie den Transistor per Zufall erfanden:

„Bei Arbeiten an einer Halbleiterdiode berührten sie den Halbleiterkristall mit einer Messsonde, […] die Beschäftigten entdeckten einen Verstärkungseffekt, der in gleicher Weise von Elektronenröhren bekannt war." (Martin/ McSummit 1989, S. 84).

Der Name „Transistor" kam laut Bell Laboratories durch die Zusammensetzung der beiden Begriffe *transfer* und *varistor* zustande. Das heißt, dass ein Signal sowohl übertragen, als auch verstärkt wird. Das erste Modell war der sogenannte Spitzen-Transistor, gefolgt von der Entwicklung des Feldeffekt-Transistors, der die endgültige Loslösung von der Vakuumröhre möglich machte (Ross 1998, S. 7ff). Es war klar, dass der Transistor schnell die bis dahin dominierende Elektronenröhre bald verdrängen würde und so begann 1955 die serielle Fertigung der Bauelemente.

Entscheidend hierfür war das Halbleiterelement Silizium, das bis dato noch nicht hochrein herzustellen war. Daher rührt auch der Name des High Tech Standorts Santa Clara County: Silicon – Silizium - Valley.

Durch die Miniaturisierung der Signalverstärker konnten Shockley, Brattain und Bardeen die Geburtsstunde der Mikroelektronik feiern, da es nun möglich war Geräte in Handgröße zu bauen, welche früher ganze Räume gefüllt hatten (vgl. Abb.2, S. 8).

Abb. 2: Nachbau des „Shockley- Transistors"

Quelle: http://upload.wikimedia.org/wikipedia/commons/6/62/Nachbau_des_ersten_Transistors.jpg

4.1 Basisinnovation Transistor

Eine einzige, allgemein anerkannte Definition des Begriffes *Basisinnovation* gibt es in der einschlägigen Literatur nicht. Oftmals wird auch unterschieden zwischen einer Basisinvention uns einer Basisinnovation - Im Falle des Transistors sind diese beiden Begriffe wohl durch die Erfindung und die spätere industrielle Produktion abgedeckt. Die Definition nach Mensch ist für den Elektronikbereich jedoch durchaus zutreffend:

„Dasjenige technische Ereignis ist eine technologische Basisinnovation, bei dem die Neuentwicklung erstmals in fabrikmäßiger Produktion angewendet wurde oder ein organisierter Markt geschaffen wurde." (Mensch 1975, S. 134)

Ganz eindeutig ist der Transistor eine Erfindung, die die Welt der Elektronik innerhalb kürzester Zeit revolutioniert hat und der sogenannten Röhrenperiode den Garaus gemacht hat (Halfmann 1984, S. 125). Der Begriff der Schlüsseltechnologie ist freilich eng mit der Basisinnovation verbunden, da darauf aufbauend neue Bereiche eröffnet werden und neue Produkte erfunden werden können.

Im Rahmen der sogenannten Kondratjeff- Zyklen ist die Erfindung des Transistors von 1947 durchaus als Bestandteil der vierten Welle anzusehen, entsprechend des Modells der langen Wellen nach Schumpeter. Hierbei stehen die Basisinnovationen jeweils an den Wendepunkten langer Wellen (Halfmann 1984, S. 25). Hauptverantwortlich für den Aufschwung nach dem zweiten Weltkrieg waren freilich die Petrochemie und die Produktion erschwinglicher Autos.

4.2 Umzug der Elektronik nach Kalifornien

Zwar befinden wir uns noch immer in Murray Hill, New Jersey, wo der Grundstein für die Entwicklung der Mikroelektronik gelegt wurde. Auch wurde hier der erste Computer hergestellt, der mit Transistoren bestückt war. Doch nun erfolgte ein ganz entscheidender Schritt für die Entstehung des Silicon Valley: Miterfinder des Transistors William Shockley, welcher mit seinen beiden Kollegen 1956 den Nobelpreis für Physik bekam, begab sich an die Westküste der USA, nach Palo Alto im Santa Clara County.

5. Schlüsselfigur William Shockley

William Bradford Shockley wuchs in Kalifornien auf und eben diese Tatsache war ganz entscheidend dafür, dass sich das Silicon Valley entwickelte. Nachdem der Transistor in New Jersey erfunden und entwickelt wurde, kehrte Shockley in seine Heimat zurück und legte mit der Gründung seiner eigenen Firma namens *Shockley Semiconductor* den Grundstein der High Tech Industrie im Silicon Valley, denn der Standort der Firma war Palo Alto. Als Miterfinder des Transistors verfügte William

Shockley über sehr großes Know- How im Elektronikbereich und transportierte eben dieses Fachwissen einmal quer durch die USA von New Jersey mitten hinein ins Santa Clara County. Um die Erfindung weiter zu nutzen scharte er acht der besten Wissenschaftler der Welt in seiner Firma um sich, die Vierschichtendiode sollte weiterentwickelt und produziert werden. Die Halbleitertechniker Robert Noyce, Jean Hoerni, Julius Blank, Victor Grinich, Eugene Kleiner, Gordon Moore, C. Sheldon Roberts und Jay Last begaben sich allesamt an die Westküste der USA. Unterdessen wurde man sich immer mehr der Bedeutung des Transistors bewusst, und die Mitarbeiter von Shockley Semiconductor ahnten, welch große Technologie sie vor sich hatten und machten es sich zur Aufgabe, diese zu kommerzialisieren.

Doch schon bald stellte sich heraus, dass Shockley nicht nur ein schlechter Geschäftsmann war, sondern auch kein sehr angenehmer Vorgesetzter. Zumal beschäftigte er sich zu lang mit der veralteten Technik, während seine Mitarbeiter schon früh die Vorteile und guten Zukunftsaussichten der Silizium- Transistoren erkannten. Die negativen Persönlichkeitsmerkmale sowie die mangelnde Mitarbeiterführung ließen Shockley schnell zu einem unbeliebten Chef werden, was dazu führte, dass alle seine Mitarbeiter das Unternehmen verließen. Nicht gerade förderlich war die Tatsache, dass Shockley bekennender Rassist war und sich später mit Fragen der „Rassenintelligenz" beschäftigte (Castells/ Hall 1994, S.15ff).

So riesig der Beitrag Shockleys zum Silicon Valley durch den Wissenstransfer und die Ansammlung von Know- How im Santa Clara County gewesen sein mag, so schnell verschwand der damals 45- Jährige wieder von der Bildfläche.

5.1 Die Gründung von Fairchild Semiconductor

Die acht Mitarbeiter, die William Shockley zu seiner Firma ´Shockley Semiconductor´ ins Silicon Valley gelockt hatte, verließen geschlossen das Unternehmen nur wenige Jahre nach der Gründung und gründeten bald darauf, im Jahre 1957, ein eigenes Unternehmen, namens *Fairchild Semiconductor*. Das Startkapital für dieses Unternehmen bekamen sie vom Industriellen Sherman Fairchild und konnten sich nun auf die konsequente Weiterentwicklung der Transistoren auf Siliziumbasis konzentrieren, ohne an der Vierschichtendiode festzuhalten, wie Shockley es noch getan hatte. Dessen Firma war mit dem Abgang der acht Halbleitertechniker dem

Untergang geweiht. Doch gleichzeitig war a der Weg frei für die endgültige Ablösung der Elektronenröhre – erste Schaltungen mit kleineren Bauteilen wie Dioden und Transistoren konnten gebaut werden und erstmals die Entstehung einer Art Mikroelektronik beobachtet werden. Denn von der vergleichsweise riesigen Vakuumröhre zum kleinen Transistor fand eine echte Miniaturisierung statt (Martin/ McSummit 1989, S. 84ff.). Unter den acht Wissenschaftlern war auch Robert Noyce, welcher Hauptverantwortlicher und Leiter von Fairchild Semiconductor war. Es war das erste Unternehmen, welches die High- Tech Branche im Silicon Valley richtig groß machte. Noyce war es auch, der erstmals Verbindung zu IBM aufnahm, um den Transistor zu verkaufen. Das Gerät war bereit für den Weltmarkt, frisch produziert im Silicon Valley (Lecuyer 2006, S. 139 ff.).

5.2 Weitere spin-offs

Die deutsche Bezeichnung für spin-off lautet „Ableger", also die Ausgliederung einer Geschäftseinheit in die Gründung einer neuen Firma, die sich mit der Thematik intensiver beschäftigen soll. Unterschiede in der Auslegung der Begriffe gibt es nur bei der Verbundenheit mit dem Mutterunternehmen, in diesem Falle Fairchild Semiconductor. Oftmals ist dieses größter Anteilshaber an der neuen Firma. Hier spielt dies allerdings keine Rolle, da die meisten der Verantwortlichen für die Neugründungen der entsprechenden Firmen auch Mitbegründer der Mutterfirma waren. Fast alle der heute weltbekannten und dominierenden High- Tech Firmen haben ihren Sitz im Silicon Valley - und nicht minder wenige haben ihren Ursprung in Fairchild Semiconductor. Beispielsweise die Firma Intel, welche in späteren Jahren von Robert Noyce und Gordon Moore gegründet wurde und der Mikroelektronik den Sturmlauf auf den Weltmarkt ermöglichte. Oftmals taucht der Begriff der „Fairchildren" auf, der die spin-offs von Fairchild Semiconductor umschreibt (Berlin 2005, S. 63). Unter ihnen waren auch die anschließend sehr erfolgreichen Firmen *Anelco, Union Carbide Electronic* (beide gegründet von Jean Hoerni) und *Sun Microsystems,* gegründet von Eugene Kleiner und Jay Last. Auch diese Unternehmen siedelten sich im Santa Clara County an und waren somit maßgeblich für das Aufstreben der Mikroelektronik verantwortlich. Die meisten dieser Unternehmen waren auf dem Gebiet der Halbleitertechnik spezialisiert. Im Laufe der

Jahre der Entwicklung wurde der Transistor immer kleiner und Leistungsfähiger gestaltet, was zur Folge hatte, dass der Bau der Miniaturteile immer schwieriger wurde. Man musste einen neuen Weg finden, um die Teile und Drähte auf der kleinen Siliziumplatte zu befestigen, anstatt sie zu löten (Kaplan 2000, S. 75 ff.).

6. Der integrierte Schaltkreis

Da es lange Zeit nicht möglich war, den Transistor automatisch zu produzieren, mussten sich die Techniker darauf konzentrieren, das Silizium als bevorzugtes Halbleitermaterial in großem Maßstab verfügbar zu machen. Die relativ einfache Herstellung und die hohe Verfügbarkeit des Ausgangsmaterials, nämlich Sand, machte es Ende der 50er Jahre möglich Silizium schnell und einfach und mit vergleichsweise geringen Kosten herzustellen. Man konnte sich nun ebenfalls daran machen, die Funktionen der elektronischen Bauteile auf dem Silizium zu befestigen: Funktionen wie Gleichrichten, Oszillieren und Verstärken wurden also auf dem Halbleitermaterial kombiniert – und der integrierte Schaltkreis war geboren :

Abb. 3: Der erste integrierte Schaltkreis (IC[1]) von 1960

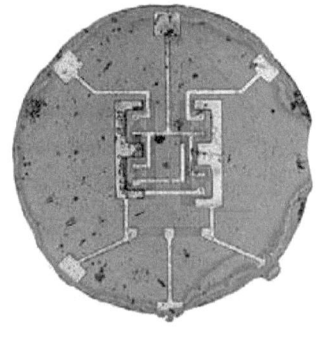

Quelle: Fairchild Semiconductor (San Francisco Chronicle 2007)

---

[1] Engl. „Integrated Circuit"

Der Entwickler der sogenannten Planartechnik, Jean Hoerni, war einer der Wissenschaftler, die wenige Jahre zuvor Shockley Semiconductor verlassen hatten um ihre eigene Firma zu gründen. Mit diesem Verfahren war es nun also möglich, mehrere Transistoren auf einem Element zu plazieren und erstmals wurde dieses als „Chip" bezeichnet (Martin/ McSummit 1989, S. 101). Im Gegensatz zur Entdeckung des Transistors, die eher zufällig zustande kam, war der integrierte Schaltkreis eine echte Erfindung, auf die mehrere Personen jahrelang hingearbeitet und geforscht haben. Mitentscheidend war hierbei auch der große Druck des US-amerikanischen Militärs als Auftraggeber in der Zeit des Koreakrieges. In dieser Zeit wurde von Seiten der US Regierung auf eine Miniaturisierung der Technik gedrängt, die vor allem bei der Marine und der Luftwaffe eingesetzt wurde (Halfmann 1984, S. 127). Kurioserweise hat allerdings auch der Integrierte Schaltkreis seinen eigentlichen Ursprung nicht im Silicon Valley. Zumeist wird Jack Kilby als der Erfinder genannt, welcher zu dieser Zeit seine Forschungs- und Entwicklungstätigkeit in Dallas, Texas ausübte. Die Firma, für die der Mann arbeitete nennt sich Texas Instruments, heute bekannt für die Entwicklung des weltweit ersten Transistorradios. Erneut war die bahnbrechende Erfindung der Auslöser eines jahrelangen Streits um Patentrechte und den wahren Erfinder.

6.1 Jack Kilby, Texas Instruments

Wieder einmal wurde ein entscheidender Grundstein der Mikroelektronik im Silicon Valley nicht in Kalifornien gelegt. Durch Verunreinigung der Halbleiterelemente Silizium und Germanium erreichte Jack Kilby das Zusammenspiel von Leiter und Nichtleiter in der gewünschten Reihenfolge. Die entsprechenden Elemente plazierte er auf einer Halbleiterscheibe und hatte damit den Integrierten Schaltkreis erfunden. Jedoch wurde sein Patentantrag 1961 abgelehnt, die Patentrechte bekam jemand anderes: Robert Noyce, von Fairchild Semiconductor. Er hatte zwar erst einige Zeit später den Integrierten Schaltkreis entdeckt, doch hatte sein Chip einen entscheidenden Vorteil: Für die Verbindung zwischen den Bauelementen brauchte er im Gegensatz zu Kilby keinen Draht mehr (Kaplan 2000, S.80). Es war den Wissenschaftlern von Fairchild Semiconductor nun mithilfe der Planartechnik möglich, tausende Bauelemente auf einem Chip in Fingernagelgröße zu kombinieren. Noyce begriff schnell, welch revolutionäre Erfindung ihm gelungen war und gründete auf Basis des Mikrochips seine eigene Firma namens „Integrated Electronics", kurz *Intel* (Martin/ McSummit 1989, S.103). Die Wissenschaftler die bei der Gründung beteiligt waren, stammten alle aus dem offenen Forschungsfeld „Transistor" von Fairchild und packten die Gelegenheit beim Schopf um dieses Feld aus der Mutterfirma auszulagern und sich damit selbstständig zu machen. Dies war ein wesentlicher Schritt hin zur echten Mikroelektronik.

Trotzdem wird Kilby auch heute noch als Erfinder des Intergrierten Schaltkreises angesehen und daraus resultierend auch als „Vater des Mikrochips". Im Jahr 2000 schließlich sollte Kilby den Nobelpreis für Physik erhalten, um seinen maßgeblichen Anteil an der Entwicklung des integrierten Schaltkreises und damit des Mikrochips festzuhalten. Nur fünf Jahre später verstarb Kilby im Alter von 77 Jahren an Krebs und konnte das 50- jährige Jubiläum „seines" Mikrochips nicht mehr miterleben.

6.2 Die Grundlage für den Mikrochip

Nachdem 1958 der erste Integrierte Schaltkreis gebaut war, ging es mit der Entwicklung der Mikroelektronik im Silicon Valley sehr schnell voran. Die kleinen Siliziumplättchen wurden mit immer mehr Transistoren bestückt, bis hin zu millionenfacher Anzahl, um die Leistungsfähigkeit zu erhöhen. Zwar dauerte es bis zu diesen Ausmaßen noch mehrere Jahrzehnte, doch der Mikrochip war schon bald die Technologie der Zukunft: Immer größere Rechenleistung auf immer kleineren Flächen war das Ziel. Diese Eigenschaften prägen noch heute den Bau von Mikroelektronikelementen, beispielsweise bei Speichermedien. Es wurde bald bestätigt, dass es sich beim Mikrochip auf Grundlage der integrierten Schaltkreise sowohl um eine Produktinnovation, als auch um eine Prozessinnovation handelte:

„Einerseits hat er (der IC, Anmerkung des Autors) [...] Halbleiterprodukte nach der Miniaturisierung für viele Konsumgüter einsatzfähig gemacht (z.B. für Taschenrechner) [...], am meisten hat aber die Computerindustrie von diesem Zuwachs profitiert." (Halfmann 1984, S. 128)

Mit dem Prinzip „Wachstum durch Schrumpfen" konnte ein echter Boom ausgelöst werden, der der Region für lange Zeit ein schier unbegrenztes Wachstum und großen Wohlstand bescherte. Die weitere Entwicklung des Chips war allerdings einer Firma vorenthalten, welche ihren Hauptsitz in Santa Clara, Kalifornien hatte: Die von Robert Noyce gegründete Mikroelektronikfirma Intel. Es war also längst kein Zufall mehr, dass die High- Tech Industrie ihre Wiege im Westen der USA hatte.

Die Integrierten Schaltkreise wurden bald zum „Gehirn" eines jeden Computers, und erstmals tauchte der Begriff „Mikroprozessor" im Vokabular der Halbleitertechniker auf (Kaplan 2000, S. 90). Die Anwendung von Mikrochips revolutionierte die Welt der Elektronik, da es nun möglich war Computer in Nachttischgröße herzustellen, die zuvor die Größe eines ganzen Raumes einnahmen – und das bei bedeutend schwächerer Rechenleistung. Der Mikroprozessor wurde zur absoluten Schlüsseltechnologie des nun eingeläuteten Computerzeitalters. Freilich stand auch der Prozess der Miniaturisierung immer mit im Vordergrund und ganz nebenbei wurden Computer immer „intelligenter". Zwar können Transistoren heute noch immer nicht mehr als die Funktionen 0 und 1 ('on´ und ´off´) – doch ist die immer umfangreicher werdende Aneinanderreihung dieser Funktionen dafür verantwortlich, dass immer komplexere Vorgänge von den kleinen Einheiten berechnet werden können (Halfmann 1984, S. 129).

7. Schlüsseltechnologie Mikroprozessor

Zu Beginn der 70er Jahre des letzten Jahrhunderts wurde der erste echte Mikroprozessor von der Firma Intel hergestellt und präsentiert. Doch bis zu diesem Durchbruch war es ein langer und beschwerlicher Weg: Vom Transistor, der die Elektronenröhre verdrängt hatte, hin zum Mikrochip, bei dem erstmals mehrere Bauelemente auf kleinstem Raum miteinander verbunden waren, dem sogenannten Integrierten Schaltkreis. Letztendlich zum leistungsfähigen Chip als Hirn eines jeden Rechners, war es dann nicht mehr allzu weit. Das, was einen Mikrochip zu einem Mikroprozessor macht, ist seine Fähigkeit sowohl zu subtrahieren, als auch zu addieren. Der Chip musste dazu mit einem Mikrocode programmiert werden. Maßgeblich an der Entwicklung des Mikroprozessors beteiligt war ein Angestellter von Robert Noyce namens Ted Hoff, der die Entwicklung des Chips immer weiter vorantrieb. Schließlich wurde der mit etwa 4000 Transistoren bestückte Chip, der die

Bezeichnung „4004" erhielt einigen Firmen präsentiert, welche sich auch sofort überzeugen ließen. Damit ging der erste Mikroprozessor in die Massenproduktion und ein neues Zeitalter der Computertechnik konnte beginnen (Martin/ McSummit 1989, S. 112 ff.). Die in Bits ausgedrückte Leistungsfähigkeit des Prozessors wurde innerhalb weniger Jahre zunächst von 4 auf 8 Bit erhöht, später wurden mehrere 16bit– Prozessoren auf einem Chip kombiniert, heute sind 32 oder 64bit– Prozessoren in Personal Computern (PC) üblich. Intels erster 32bit- Prozessor war der i APX 432, welcher 1981 vorgestellt wurde.

Schlussendlich steht der Mikroprozessor allerdings deshalb als Schlüsseltechnologie da, weil erstmals die Trennung von Soft- und Hardware auf der Halbleiterebene durchführbar war. Somit ist der Prozessor endgültig zur zentralen Einheit des Computers geworden (CPU[2]) (vgl. Abb. 4), und die Rechenvorgänge konnten durch Einflussnahme „von außen" – sprich Befehlseingaben über Tastatur und Maus – verändert werden. Indirekt war diese Entwicklung auch der Startschuss für die Entwicklung der Software und damit die Gründung unzähliger Unternehmen aus der Softwarebranche. Doch zuvor begann natürlich die Computerindustrie zu boomen, allen voran schrieb die Firma *Apple Computers* eine unnachahmbare Erfolgsgeschichte.

Anfangs wurde der Prozessor jedoch nicht zur Bestückung privater Gerät entwickelt, sondern hauptsächlich für Firmen zur Datenverarbeitung, Nachrichtentechnik sowie zur Mess-, Steuer- und Regeltechnik (Halfmann 1984, S. 132). Die Innovation dieses Bauelementes ist wohl als das Endprodukt der Mikroelektronik anzusehen. Eine bahnbrechende Weiter- oder sogar Neuentwicklung eines vergleichbaren Produktes ist nicht abzusehen.

---

[2] Engl. "Central Processing Unit"

Abb. 4: Geöffneter 32bit– Prozessor von Intel

Quelle: http://www.itwissen.info/bilder/32-bit-mikroprozessor-80486-foto-intel.png

8. Die Industriegeschichte der Mikroelektronik

Die Elektronikindustrie ist in der zweiten Hälfte des 20. Jahrhunderts immer weiter gewachsen, nicht zuletzt deshalb, weil die Produktpalette beinahe unendlich ist. Vor allem der Teilbereich der Halbleiterindustrie erlebte einen echten Boom, vor allem ab den 70er Jahren:

„Der Umsatz der US- Halbleiterindustrie betrug 1975 2,8 Milliarden US- Dollar (welcher 1950 noch bei 5 Millionen Dollar lag) [...] im selben Jahr setzte die Elektronikindustrie 35 Milliarden Dollar um." (Halfmann 1984, S. 139).

Dementsprechend hoch waren auch die jeweiligen Ausgaben für Forschung und Entwicklung, die oft als Indikator für das Wachstum einer Branche herangezogen werden. Seit dem zweiten Weltkrieg wurde massiv von Seiten der Regierung in die Elektroindustrie investiert, nur die Luft- und Raumfahrt wurde aufgrund des Wettlaufes um die „Eroberung" des Mondes mit der ehemaligen Sowjetunion wurde mehr investiert. Im Laufe der Jahrzehnte wurde die Produktivität der Betriebe im Silicon Valley stetig gesteigert, sowohl was Materialien als auch Herstellungsverfahren betrifft. Dies ist mit ein Grund, warum die neuen Technologien wie Computer in solch kurzer Zeit auch für private Nutzer erschwinglich wurde und ein riesiger Markt eröffnet werden konnte, der seinen Ursprung im Silicon Valley hat.

Außerdem entscheidend war der durchgehend steigende Mechanisierungs- und Automatisierungsgrad der Halbleiterproduktion; wurden zu Beginn die Chips noch per Hand mit Transistoren bestückt, wurde es im Laufe der Jahre durch die Entwicklung von Feinmotorikmaschinen möglich diese Vorgänge massenhaft und um ein vielfaches schneller zu erledigen. Auch bei der Entwicklung dieses Teilbereiches waren Unternehmen aus dem Silicon Valley führend und gingen damit den Weg weiter, der durch das Aufkommen der Mikroelektronik eingeschlagen wurde. Das bestimmende Element ist auch heute noch Silizium, welches in ausgeklügelten Verfahren hochrein hergestellt wird und zu hauchdünnen Plättchen geschnitten wird, um anschließend als Basis des Mikrochips zu dienen. Diese Plättchen nennt man in der Fachsprache „Wafer" (Martin/ McSummit 1989, S. 506).

9. Die Bedeutung der Mikroelektronik

Um sich der vollen Bedeutung der Mikroelektronikindustrie für die gesamte Welt bewusst zu werden, ist es notwendig, sich alle Bereiche vor Augen zu führen, in die die Mikroelektronik früher oder später eingedrungen ist. Zunächst war die US-Regierung und vor allem das Militär der wohl wichtigste Abnehmer der neuen Technologien, dicht gefolgt vom konzerneigenen Markt. Anschließend eroberten Neuerungen aus der Mikroelektronik die Unterhaltungsindustrie und Geräte wie Fernseher, Radios und später auch Computer wurden für die breite Masse gefertigt. Bald darauf wurde die Mikroelektronik zur zentralen Technologie der verarbeitenden Industrie. Hier wurden alle Steuerungen der Produktionstechnik mit Transistortechnik ausgestattet. Diese Entwicklung vollzog sich ganz massiv in den 80er Jahren des letzten Jahrhunderts, kurz bevor die Mikroelektronik eine letzte Schwelle übertrat, nämlich die der Dienstleistungsunternehmen. Durch die Einführung des Computers wurde die komplette Datenverarbeitung, beispielsweise von Banken und Büros von der Mikroelektronik übernommen. Diese war schon bald aus allen zentralen Industrien nicht mehr wegzudenken (Halfmann 1984, S. 210). Als direkte Folge dieser Umstellung ist die Automatisierung von allerlei Prozessen im Industrie- und Dienstleistungssektor zu sehen, mit all ihren bekannten Folgen.

10. Zusammenfassung: Die Geschichte der Mikroelektronik im Silicon Valley

Das heute unter dem Namen Silicon Valley als High Tech Zentrum weltweit bekannte Santa Clara County in Kalifornien hat seinen Ruhm ursprünglich einer einzigen Erfindung zu verdanken: Dem Transistor. Witziger weise ist dies aber gar nicht in Kalifornien erfunden worden, sondern in New Jersey. Mehr oder weniger durch Zufall begab sich die Elektronik ins Silicon Valley und die einzigartige Entwicklung nahm ihren Lauf. Auch im Falle von Frederick Terman kann man vom Zufall sprechen, dass der Mann erkrankte und deshalb nicht zurück nach Cambridge ging, sondern in seiner Heimatstadt Palo Alto blieb. Ebenso im Falle von William Shockley, der einen enormen Beitrag leistete, indem er den Wissenstransfer nach Kalifornien vollzog, sich dessen allerdings nie bewusst war. Schließlich kehrte er zur Firmengründung nur an den Ort zurück, an dem er aufgewachsen war. Innerhalb weniger Jahrzehnte entwickelten sich aus der Basisinnovation des Transistors weitere bahnbrechende Erfindungen der Elektronik, vor allem die des Integrierten Schaltkreises und später des Mikrochips. Wann genau der Überbegriff *Mikroelektronik* angewendet werden kann oder soll bleibt offen – schließlich begann der Prozess der Miniaturisierung schon mit der Erfindung des Transistors, der zwar die gleiche Funktion wie die Elektronenröhre hatte, allerdings um ein vielfaches kleiner, leichter und sparsamer war[3]. Ebenso bedeutend war die Schrumpfung der Geräte, in denen zunächst Vakuumröhren und später Mikroprozessoren mit Millionen von Transistoren verbaut wurden, welche selbst einen erstaunlichen Miniaturisierungsprozess durchliefen. Dieser Prozess ist heute immer noch im Gange, denkt man beispielsweise an Kleinteile von Handies, die für das Auge kaum sichtbar sind und trotzdem um ein vielfaches Leistungsfähiger als erste „Riesencomputer" der 1940er und 50er Jahre.

Bemerkenswert ist sicherlich auch, dass die Entwicklung des Silicon Valley zum Zentrum der Mikroelektronik einer vergleichsweise geringen Anzahl an Personen zu verdanken ist, die mit ihren Erfindungen und Produkten mehrere völlig neue Wirtschaftszweige von nationaler und internationaler Bedeutung eröffneten.

---

[3] Für einen Überblick über die Produkt- und Produktionsinnovationen in der Mikroelektronik zwischen 1945 und 1977 siehe Halfmann 1984, S. 150

Literaturverzeichnis

Berlin, L. (2005): *The Man behind the Microchip: Robert Noyce and the Invention of Silicon Valley.* Oxford: Oxford University Press.

Buhr, W. (1975): *Die Rolle der materiellen Infrastruktur im regionalen Wirtschaftswachstum.* Berlin: Duncker & Humblot.

Castells, M., Hall P. (1994): *Technopoles of the world – the making of 21st century industrial complexes.* London: Routledge.

Halfmann, J.(1984): *Die Entstehung der Mikroelektronik: Zur Produktion technischen Fortschritts.* Frankfurt/Main: Campus.

Hall,P. und Markusen, A. (1985) *: Silicon Landscapes.* Boston: Allen & Unwin.

Hazewindus, N. (1982): *The US Microelectronics Industry.* New York: Pergamin Press Inc.

Kaplan, D. (2000): *Silicon Valley - Die digitale Traumfabrik und ihre Helden.* München: Wilhelm Heyne.

Kenney, M. (2000): *Understanding Silicon Valley: The Anatomy of an Entrepreneurial Region.* Stanford: Stanford University Press.

Lecuyer, C. (2006): *Making Silicon Valley – Innovation and the Growth of High Tech, 1930-1970.* Cambridge: The MIT Press.

Malone, M. (1995): *Der Mikroprozessor. Eine ungewöhnliche Biographie.* Berlin: Springer .

Martin J., McSummit, B. (1989): *Die Silicon Valley Story.* München: Systhema.

Mensch, G. (1975): *Das technologische Patt. Innovation überwindet die Depression.* Frankfurt/ Main: Fischer.

Müller-Scholz, K. (2000): *Inside Silicon Valley – Ideen zu Geld machen.* Berlin: Dr. T. Gabler.

Perez, C. (2002): *Technological Revolutions and Financial Capital: The Dynamics of Bubbles and Golden Ages.* Cheltenham: Edward Elgar.

Reichart, T. (2008): *Bausteine der Wirtschaftsgeographie: Eine Einführung.* Stuttgart: UTB für Wissenschaft.

Rogers, E., Larsen, J. (1985): *Silicon Valley- Fieber: An der Schwelle zur High Tech - Zivilisation.* Berlin: Siedler.

Ross, I.M. (1998): *The invention of the transistor.* In: *Proceedings of the IEEE.* 86, Nr. 1, 1.

Sternberg, R. (1995): *Technologiepolitik und High-Tech Regionen – ein internationaler Vergleich.* Münster: Lit.

Internet

Alcatel-Lucent (2009): *Bell Labs Research -* http://www.alcatel-lucent.com/wps/portal/BellLabs (Abrufdatum: 09.04.09)

Schmidt, H. (2009): *Die Homepage von Robert von Lieben -* http://www.hts-homepage.de/Lieben/Lieben.html (Abrufdatum: 26.03.09)

BEI GRIN MACHT SICH IHR
WISSEN BEZAHLT

- Wir veröffentlichen Ihre Hausarbeit,
  Bachelor- und Masterarbeit

- Ihr eigenes eBook und Buch -
  weltweit in allen wichtigen Shops

- Verdienen Sie an jedem Verkauf

**Jetzt bei www.GRIN.com hochladen
und kostenlos publizieren**